Victoria Vasilyevna Savelyeva

Transformação dos sistemas de infra-estruturas Parte 3

Victoria Vasilyevna Savelyeva

Transformação dos sistemas de infra-estruturas Parte 3

Transformação integrativa dos sistemas de infra-estruturas tecnológicas inteligentes e das suas partes e elementos constituintes

ScienciaScripts

Imprint
Any brand names and product names mentioned in this book are subject to trademark, brand or patent protection and are trademarks or registered trademarks of their respective holders. The use of brand names, product names, common names, trade names, product descriptions etc. even without a particular marking in this work is in no way to be construed to mean that such names may be regarded as unrestricted in respect of trademark and brand protection legislation and could thus be used by anyone.

Cover image: www.ingimage.com

This book is a translation from the original published under ISBN 978-620-7-44754-1.

Publisher:
Sciencia Scripts
is a trademark of
Dodo Books Indian Ocean Ltd. and OmniScriptum S.R.L publishing group

120 High Road, East Finchley, London, N2 9ED, United Kingdom
Str. Armeneasca 28/1, office 1, Chisinau MD-2012, Republic of Moldova, Europe
Printed at: see last page
ISBN: 978-620-7-75681-0

Conteúdo

O estado e o nível técnico dos equipamentos tecnológicos especiais modernos e dos equipamentos e instrumentos tecnológicos permitem a aplicação generalizada e a integração da inteligência artificial e dos seus elementos funcionais nos seus sistemas de controlo e monitorização para utilização em supersistemas e subsistemas de infra-estruturas industriais e residenciais.

Esta circunstância altera profundamente a situação na engenharia e na tecnologia, bem como nos padrões de conceção e desenvolvimento tecnológico, aplicando novas soluções complexas com métodos profissionais já amplamente e profundamente desenvolvidos, prevendo a utilização de elementos de inteligência artificial e redes neurais artificiais, que no processo de produção integram a possibilidade de trabalhar em paralelo com o próprio processo e a reciclagem profissional sistemática, acabando por aumentar significativamente a capacidade de produção.

Os processos de formação do pessoal das unidades produtivas e científicas para a introdução de novos processos tecnológicos tornam necessária a reavaliação das redes neuronais artificiais e dos seus elementos funcionais para utilização em supersistemas e subsistemas de produção e infra-estruturas residenciais nos processos de formação e reorientação profissional.

A aplicação complexa de termos como a superioridade quântica e as suas particularidades para aplicação em elementos funcionais e para utilização em supersistemas e subsistemas de infra-estruturas industriais e residenciais inteligentes, que surgiram nos processos de reconversão e reorientação profissional, permite obter a plena controlabilidade dos processos em combinação com uma forma remota de organização do trabalho.

Para aumentar o nível de eficiência de todos os processos mencionados, o elemento mais importante é a rede neural quântica e as suas características para aplicação em elementos funcionais e para utilização em supersistemas e subsistemas de infra-estruturas industriais e residenciais inteligentes com elevado nível de automatização de todos os processos funcionais.

Para a identificação correcta do sistema complexo de preparação para a organização de todos os processos mencionados, como mostra a prática, é necessária uma rede neural quântica avançada e as suas características para aplicação em elementos funcionais e para utilização em supersistemas e subsistemas de infra-estruturas industriais e residenciais inteligentes.

CAPÍTULO 1

**Aspectos tecnológicos da construção de um
emissor de luz tridimensional multicamada
utilizando o método de
polimerização
sucessiva camada a camada**

Takt de funcionamento da linha tecnológica. Duração das transições tecnológicas:

- Transporte do bloco emissor de luz ótica 3D da posição de trabalho anterior para a posição de trabalho seguinte, tempo de transição 3 segundos;

- definição, premindo a tabela de posições durante 1 segundo, pausa de 2 segundos, durante a qual todos os elementos da posição são colocados na posição de trabalho;

aplicação do agente líquido (compostos de materiais fluorescentes) - o tempo total é de 3 segundos, dos quais o movimento de regulação do bocal múltiplo é de 2 segundos, a aplicação demora 1 segundo, a remoção do bocal múltiplo do espaço de trabalho demora 2 segundos; o sopro de gás quente demora 1 segundo;

- o processo de secagem e cura requer um tempo total de 6 segundos; deste tempo, 2 segundos são necessários para colocar o protetor contra radiações, 2 segundos são necessários para o tratamento térmico propriamente dito e 2 segundos são necessários para remover o protetor contra radiações;

- aplicação de símbolos de marcação - o tempo total é de 6 segundos, dos quais 2 segundos são necessários para a alimentação da máscara, orientação e pressão de vácuo, 2 segundos para a exposição, 2 segundos para a remoção da máscara do volume de trabalho da posição de trabalho;

Do que precede resulta claro que o ciclo de trabalho (relógio) da linha tecnológica deve ser igual a 3 segundos; para transições com uma duração de funcionamento de 6 segundos, devem ser previstas duas posições de trabalho paralelas na linha.

CAPÍTULO 2

À questão da espessura da(s) camada(s) de material ótico cultivada(s) num ciclo tecnológico completo

Durante um ciclo tecnológico, é necessário aplicar três camadas ópticas, uma das quais, localizada entre as outras duas camadas, deve ser feita de fibra (material) condutora de luz e a sua espessura deve ser de 0,125 mm, limitando-a de dois lados com camadas de material fluorescente opticamente transparente, cada uma com uma espessura de 0,5 mm, sendo a espessura total da construção mencionada de três camadas de 1,125 mm.

A primeira vantagem da tecnologia proposta é que as espessuras especificadas podem ser alteradas, se necessário, sem quaisquer alterações na conceção e disposição do equipamento de processamento e utilizando as mesmas ferramentas e dispositivos. A segunda vantagem é que, mesmo dentro de um único emissor ótico de luz tridimensional, as espessuras das camadas ou grupos de camadas podem ser variadas para satisfazer várias condições e requisitos adicionais; um sistema de combinações de espessuras de camadas pode, por exemplo, permitir a introdução de um código geométrico volumétrico específico para maximizar a fluorescência.

CAPÍTULO 3

À questão da exatidão e das proporções geométricas entre elementos e superfícies de emissores ópticos de luz tridimensionais fabricados com a tecnologia proposta

Trata-se de um sistema de parâmetros dimensionais inter-relacionados e dos seus desvios-limite, da sua influência mútua e do grau de influência noutros parâmetros dimensionais dos emissores de luz ótica tridimensionais. No fabrico de um emissor de luz ótica tridimensional multicamadas de acordo com a tecnologia proposta, a precisão média de todos os seus elementos depende das seguintes condições

а) Precisão na definição da posição de trabalho na mesa;

б) Precisão da orientação do disco da peça de trabalho do emissor de luz ótica em relação ao eixo da mesa da posição de trabalho;

в) rácios de precisão de fabrico e montagem da mesa e de outros elementos do posto de trabalho;

г) precisão dos parâmetros de peso e volume da dosagem do material, que é aplicado à superfície do disco - peça de trabalho;

д) uniformidade na distribuição do material na superfície do disco - peça de trabalho;

ж) uniformidade da dependência de diferentes tipos de impacto sobre o disco - peças em bruto e seus elementos, no processo de fabrico, no que se refere a parâmetros lineares e volumétricos (incluindo variantes de temperatura de impacto);

з) exatidão e homogeneidade da composição química dos materiais utilizados;

и) precisão da dosagem do material e precisão do rácio (peso e volume) quando os aditivos de liga são dissolvidos em materiais de base;

к) precisão da dosagem e dissolução de catalisadores em materiais de base;

CAPÍTULO 4

Mais informações

Caracterização comparativa entre a máscara de contacto e a máscara de projeção. A máscara de contacto, aplicada à técnica e à tecnologia de crescimento sucessivo camada a camada do corpo ótico de um emissor de luz tridimensional, apresenta as seguintes vantagens em relação à máscara de projeção:

а) A sua utilização não requer a utilização de sistemas complexos de projeção ótica;

б) A sua utilização não exige uma elevada precisão de posicionamento dos componentes do equipamento;

в) o custo de fabrico de uma máscara de contacto é significativamente mais baixo;

г) os custos de funcionamento da máscara de contacto são significativamente mais baixos;

д) a precisão de fabrico necessária da máscara de contacto é significativamente menor;

е) a resistência mecânica e a resistência ao desgaste da máscara de contacto são significativamente mais elevadas;

ж) A máscara de contacto corrige a geometria do disco quando este é pressionado contra a peça de trabalho;

з) quando se utiliza uma máscara de contacto, não há necessidade de uma correção complexa das coordenadas da máscara e do disco da peça de trabalho durante a sua identificação e orientação mútua;

и) Devido à utilização de revestimentos metálicos, a vida útil da máscara é bastante longa, o que determina uma utilização mais eficiente dos fundos gastos no seu fabrico;

к) Devido ao facto de a máscara de contacto ter uma superfície de contacto polida com um revestimento metálico, a adesão à camada de polímero é muito baixa;

л) A máscara de contacto tem uma maior precisão de trabalho porque o espaço de ar é eliminado quando é pressionado a vácuo contra o disco da peça de trabalho.

CAPÍTULO 5

Descrição do processo de construção de uma camada única num emissor de luz ótica multicamadas

Descrição do processo de construção de uma única camada num emissor de luz ótico multicamada, que no caso descrito tem a forma de um disco com dimensões padrão - diâmetro até 120 milímetros, espessura - 3,2 milímetros.

CAPÍTULO 6

Definição geral

O disco virgem de um emissor de luz ótico tridimensional deve ser constituído por uma camada de base com um protetor térmico eletricamente isolante e um corpo de trabalho ótico com, pelo menos, 5 camadas de trabalho. Devido ao facto de a espessura de todos os elementos da camada de trabalho ser muito pequena - tanto para os elementos sensíveis à luz como para os elementos limitadores ópticos que limitam o elemento sensível à luz por cima e por baixo -, o processo de fabrico do disco em branco é apresentado como uma polimerização sequencial camada a camada de uma camada pré-aplicada de monómeros do material de que cada um dos elementos da camada de trabalho é suposto ser constituído. Este método tecnológico permite a utilização de toda a gama de materiais ópticos estruturais atualmente conhecidos. Além disso, este método tecnológico permite realizar todas as operações relacionadas com o acabamento das camadas também sequencialmente, de camada de trabalho para camada de trabalho, o que simplifica muito o processo de formação do emissor de luz e, em muitos casos, torna-o geralmente possível, com base no nível tecnológico atualmente conhecido.

Assim, cada uma das camadas de trabalho é constituída por 3 elementos localizados no corpo do disco - peça de trabalho, sequencialmente, por esta ordem: - elemento limitador ótico;
-    elemento fotossensível;
-    elemento limitador ótico.

Devido ao facto de o monómero do material de cada um dos elementos ser aplicado a uma camada já polimerizada de material semelhante, há uma penetração difusa a curto prazo do monómero no polímero (não mais de 50-75 nanómetros), o que elimina a necessidade de operação adesiva e a presença de uma camada adesiva parasita no disco - branco, que deteriora a qualidade do disco - branco.

CAPÍTULO 7

**Descrição do processo de construção da primeira camada após a camada de base, a
camada de trabalho.**

Caracterização da camada de base, o material para a camada de base pode ser:

Opção 1 - policarbonato;

Opção 2 - vidro orgânico;

Opção 3 - copolímeros orgânicos de vidro;

A opção 4 é constituída por copolímeros de poliestireno transparentes.

- A camada de base destina-se a ser moldada por injeção e deve ter uma estrutura homogénea.

- no lado exterior da camada de base, deve ser aplicado um revestimento eletricamente isolante e, ao mesmo tempo, termicamente condutor, por exemplo, feito de diamantes artificiais, com uma espessura de 10 micrómetros.

- espessura da camada de base sem revestimento -0,59 milímetros, após o revestimento - 0,6 milímetros.

Após o revestimento, as camadas de base são colocadas num contentor tecnológico, semelhante ao tipo de cassete anteriormente utilizado na fotolitografia da produção de semicondutores com um diâmetro de substrato de 125 milímetros. Uma cassete contém 25 camadas de base. As cassetes são agarradas por um robot e colocadas no dispositivo de carga e descarga da linha de produção, conforme necessário. O dispositivo de carga e descarga retira as camadas de base uma a uma da cassete e transfere-as para o transportador e respectivas guias da linha de produção, que por sua vez transferem cada uma das camadas de base para a primeira posição de trabalho.

Na primeira posição de trabalho, existe uma centrífuga com uma mesa de vácuo na parte inferior e um sistema para o fornecimento uniforme de líquidos à superfície acima da centrífuga. Após a orientação, a camada de base é colocada na mesa de vácuo e fixada. O sistema de fornecimento uniforme de monómeros líquidos aplica a dose necessária de composição homogénea a toda a superfície da camada de base, e a centrífuga roda para igualar a espessura da camada aplicada. Em seguida, o sistema de transporte retira a camada de base da centrífuga e coloca-a na plataforma de vácuo da segunda posição de trabalho, onde o emissor de radiação térmica está localizado acima da centrífuga. Paralelamente, a rotação e o tratamento térmico são efectuados, após o que a camada aplicada é convertida num estado de polímero. O sistema de transporte transporta então o disco em bruto resultante para a terceira posição de trabalho. Dependendo da variante de design do disco em branco, esta posição pode ser usada para: - imprimir símbolos servo ou ópticos usando um disco mestre;

- Impressão em offset de informações e símbolos servo por meio de uma matriz especial e utilizando como tinta uma composição homogénea de materiais fotossensíveis ou fluorescentes;
- aplicação de uma camada contínua de material fotossensível ou fluorescente, sob a forma de uma composição homogénea.

As transições de processo subsequentes são as mesmas etapas de processo que são repetidas para cada uma das camadas de trabalho.

O tato da linha de produção é de 3-4 segundos.

O processo é totalmente automatizado. O processo de preparação da composição homogénea, incluindo a mistura dos monómeros do material fotossensível com os monómeros da matriz e a introdução do iniciador na mistura, pode ser realizado em módulos auxiliares da linha de produção automática.

CAPÍTULO 8

Método sem contacto

Consideremos os métodos de controlo que utilizam o método sem contacto. Entre todos os métodos de controlo sem contacto considerados, apenas o ótico encontrou uma aplicação mais ampla nas ferramentas de corte de metal. Os métodos de inspeção sem contacto ópticos e não ópticos dividem-se em muitos. A secção seguinte trata dos diferentes tipos de dispositivos de inspeção ótica. Os métodos de aquisição de informação sem contacto também se distinguem dos métodos de contacto. Para fins de diagnóstico, os métodos sem contacto são mais frequentemente utilizados porque têm baixa intensidade de trabalho e são rápidos. A informação extraída pelo método térmico sem contacto é transportada por radiação electromagnética ótica na região dos infravermelhos. A razão da ausência de cor e de som é que a radiação infravermelha se deve à energia do movimento vibratório das moléculas ou dos átomos. A temperatura do objeto não tem qualquer efeito sobre a intensidade da radiação. A radiação infravermelha pode ser obtida através do aquecimento de um objeto, pelo que a radiação infravermelha térmica é mais frequentemente designada por radiação infravermelha. O fragmento em causa encontra-se na fase de conceção.

Graças ao vidro de teste, agora só é possível controlar a superfície de uma peça de trabalho com o mesmo raio de curvatura. Devido ao grande número de anéis e à aplicação do vidro de ensaio numa superfície esférica, é difícil verificar erros locais. É de notar que é indubitável a existência de um método de interferência sem contacto para a inspeção de superfícies planas e esféricas de peças ópticas. Os métodos de interferência sem contacto para o controlo de superfícies asféricas são de grande importância.

As superfícies ópticas que são inspeccionadas por meio de vidros de ensaio são as mais comuns. No entanto, para obter resultados fiáveis, o método do vidro de ensaio exige o contacto direto entre a superfície de referência e a superfície a inspecionar. Isto é, em alguns casos, inaceitável. Em alguns casos, é necessário aumentar a precisão do controlo, razão pela qual, juntamente com os vidros de ensaio, são utilizados na indústria ótica vários interferómetros, método de controlo de superfícies sem contacto. As desvantagens dos métodos de medição sem contacto incluem o desejo do controlador de remover mal a contaminação do produto. Por vezes, interferem de forma pouco significativa com a observação do processo de controlo, que é de grande importância nos métodos de medição ópticos, e influenciam mesmo a dimensão controlada. O segundo defeito é que, em condições conhecidas, a influência da rugosidade da superfície do objeto de controlo torna-se percetível. Isto deve-se ao facto de o gabarito de ajuste ter a mesma qualidade de plano que o produto controlado. As direcções determinantes para o aperfeiçoamento dos métodos de controlo são a nova natureza e o conteúdo dos processos, que dizem respeito à reprodução dos parâmetros geométricos de partes de unidades ou conjuntos de aeronaves. Entre os sistemas de medição sem contacto, os sistemas, instrumentos ou dispositivos laser e ópticos ocupam o primeiro lugar. Atualmente, são necessários os tipos de sistemas de medição por laser que satisfazem as necessidades específicas da construção de aeronaves. Na inspeção da rugosidade, são utilizados métodos com e sem contacto. Os instrumentos ópticos sem contacto utilizam um método em que um ou mais feixes de luz são aplicados à superfície ou à imagem a medir. Repetem a estrutura e as irregularidades da superfície. Os seguintes instrumentos têm modificações de PPS - baseado no princípio da secção de luz, PS-shadow gap, MII-interferência de luz. A rugosidade é medida numa escala de 0,1 a 160 µm. Nos dispositivos ópticos mede-se mais frequentemente / tah tg, e também se pode ver a forma e o carácter das irregularidades.

Os métodos que utilizam técnicas ópticas para ensaios não destrutivos foram desenvolvidos antes de serem utilizados outros métodos. O cérebro humano, armado quando necessário com uma simples lente ou microscópio, é uma combinação incrivelmente eficaz para a deteção sem contacto de defeitos de forma e fissuras superficiais em objectos. Infelizmente, esses métodos de inspeção são muito subjectivos e dão origem a dificuldades associadas à necessidade de formar pessoal qualificado, estabelecer normas de qualidade adequadas, etc. Quando o controlo se limita a certas medições de distâncias especializadas, estas medições podem ser efectuadas com uma precisão considerável, mas, na melhor das hipóteses, constituem apenas uma solução parcial para o problema do controlo total. Na deteção à distância de vibrações acústicas da superfície de um objeto de controlo, podem ser aplicadas ondas ópticas, micro-ondas e sonoras no ar, utilizando efeitos de interferência ou de Doppler. A observação ótica sem contacto das vibrações da massa sólida controlada é realizada utilizando um interferómetro. Após a passagem de um laser através de um espelho translúcido sobre dois feixes - um proveniente de um espelho fixo da outra onda - obtém-se uma reflexão especular. Antes disso, as imagens são passadas através de um tubo fotomultiplicador. No método de controlo por receção, a sensibilidade do método é 500 vezes inferior à do método por imersão.

Entre outras coisas, o interferómetro é um dispositivo bastante complexo e maciço com um sistema sensível às vibrações. É de esperar que a indústria venha a dispor de um novo método de inspeção não destrutiva de superfícies baseado na utilização de hologramas. A utilização da holografia na interferometria diferencial é um caso especial. Um holograma faz a mesma coisa, reconhecendo os objectos nele gravados. Mas reage apenas a alterações insignificantes das suas propriedades ópticas. Na maioria das vezes, os indicadores quantitativos que caracterizam estas alterações são extraídos da estrutura e da densidade das franjas de interferência - tais como as ondas do próprio objeto ou as ondas (também reconstruídas com a ajuda de um holograma) criadas pela sobreposição destas duas fontes de oscilações. A direção atual terá a possibilidade de controlo sem contacto de superfícies brutas complexas (as suas vibrações, deformações, fissuras e alterações das propriedades reflectoras). Os factores que dificultam a criação deste método são, na sua maioria, apenas de natureza técnica. Por exemplo, é necessário assegurar uma forte retenção e durabilidade dos elementos ópticos com padrão de interferência. Por sua vez, os métodos de medição (controlo) dividem-se em métodos de contacto e métodos sem contacto. No caso das medições por contacto, a ponta de medição deve tocar a superfície da peça medida e a natureza do contacto pode ser pontual ou linear. No caso das medições sem contacto (ópticas, pneumáticas, etc.) - o objeto medido é determinado sem contacto com a ponta de medição.

Os mais promissores a este respeito são os dispositivos fotoeléctricos, que permitem a medição de peças sem contacto. Desde que todas as unidades possam ser mantidas a uma distância mínima da área de trabalho. Com os dispositivos de inspeção fotoeléctricos, o fluxo de luz que emana da fonte é detectado por um fotoresistor. Os circuitos diferenciais são frequentemente utilizados para criar novos tipos de peças e permitem corrigir os fluxos e manter o movimento do ecrã em conformidade com as dimensões da peça. A fonte de radiação pode ser um gerador quântico ótico (laser). Para os ensaios não destrutivos pelo método de eco e sombra, nos últimos anos, a radiação ultra-sónica sem contacto com a ajuda de um laser começou a utilizar um interferómetro ótico e a receção de sinais por meio de radiação laser sem contacto. O comprimento de onda é de 148 quilómetros.

O método de autocolimação é um método sem contacto para medir os ângulos de rotação de um espelho plano. O controlo das fugas de gás natural nas condutas e estações de compressão, a composição do gás na atmosfera podem ser efectuados por aparelhos de vários tipos. O equipamento ótico é de grande importância nesta área, permitindo determinar a concentração de vários gases no ar atmosférico de uma forma sem contacto, com precisão e fiabilidade. Os instrumentos de nova geração são dispositivos ópticos especializados baseados em pares hetero-ópticos. As suas dimensões e a consistência no espetro dos díodos emissores e receptores de luz permitem reduzir drasticamente o consumo de energia, reduzindo simultaneamente as dimensões globais do dispositivo. Os dispositivos fotoeléctricos são amplamente utilizados em combinação com elementos ópticos, rasters, grelhas de difração e interferómetros. As lâmpadas incandescentes, os tubos laser e outras fontes de luz podem atuar como fonte de luminescência. Os receptores de luz são os fotoresistores, os fotodíodos, os fototransistores e outros dispositivos luminosos. Os dispositivos fotoeléctricos têm uma série de vantagens: elevada precisão, limites de medição (forma discreta do sinal de saída), método de controlo sem contacto. Ao mesmo tempo, são difíceis de utilizar devido ao seu elevado custo e à proteção do ambiente. Cada vez mais, novos e mais significativos desafios exigem que as instalações sejam equipadas com métodos de controlo de qualidade que possam ser aplicados aos wafers. À medida que os dispositivos electrónicos de estado sólido se tornam cada vez mais integrados, há uma necessidade crescente de novos métodos de inspeção científica rápidos e de alta resolução que possam ser utilizados para caraterizar objetivamente a adequação de cristais individuais ou bolachas para as tarefas em questão. Todos os anos são feitas novas exigências devido ao aumento do tamanho e do número de defeitos na superfície das placas monocristalinas. Os métodos de controlo por métodos ópticos ou electrofísicos estão já esgotados. Será necessária a transição para uma nova metrologia e é necessário utilizar todas as possibilidades de tunelamento por varrimento e de microscopia de força atómica. É igualmente necessário utilizar métodos modernos de controlo das propriedades estruturais com resolução submicrónica ou nanométrica. Simultaneamente, as novas ferramentas de inspeção devem ser bem integradas na ideia de linhas de produção automáticas flexíveis e contínuas de elevado desempenho. Há uma grande necessidade de controlo rápido da contaminação da superfície da bolacha com impurezas metálicas, com sensibilidade de -10 at/cm. No final de cada uma das três secções, analisámos os diferentes tipos de controlos modernos por contacto e sem contacto. Normalmente, os métodos de contacto utilizam dispositivos de medição por coordenadas. Com a ajuda de um computador ou de outros meios de programação, os sistemas de controlo deste tipo de unidades estão equipados com. Os métodos de controlo que podem ser realizados por meios sem contacto dividem-se em duas categorias: ópticos e não ópticos. Os métodos ópticos utilizam mais frequentemente os televisores e vários sistemas de visualização, mas existem também outros métodos, como o laser. Os sistemas não ópticos utilizam um campo elétrico para medir os parâmetros de um objeto. Os métodos alternativos de medição são os ultra-sons e a radiação. Classificações possíveis dos métodos e meios de controlo. Para os diferentes métodos, podemos dizer: Os sistemas ópticos são mais frequentemente utilizados para a inspeção sem contacto. Estes sistemas utilizam meios microelectrónicos e processamento automático dos sinais dos sensores. Para otimizar o desempenho e reduzir o custo dos produtos microelectrónicos ou informáticos, os sistemas ópticos são cada vez mais vantajosos do ponto de vista económico. Existem vários tipos de dispositivos ópticos de medição que são utilizados para realizar operações de inspeção. Consideraremos os 3 tipos seguintes. As medições de parâmetros constantes ou que mudam lentamente são mais frequentemente efectuadas com a ajuda de métodos simples: mecânicos ou ópticos. São utilizados métodos sem contacto, incluindo métodos pneumáticos. Na maioria das vezes, para a medição de parâmetros que mudam rapidamente, bem como para o controlo das suas dimensões, são utilizados vários métodos eléctricos. As suas vantagens: baixa inércia e pequena influência no objeto de medição devido ao tamanho reduzido dos sensores, registo remoto dos resultados com a ajuda de meios especiais. O resultado final do desenvolvimento da interferometria holográfica é a criação dos mais recentes meios e métodos eficazes de controlo da forma das superfícies ópticas, ligações auxiliares adesivas à ótica. Modificações de electroelementos, bem como modos de funcionamento dos dispositivos. Os métodos holográficos não têm contacto e permitem obter uma imagem nítida dos resultados das medições, mas apresentam uma série de vantagens em relação aos métodos convencionais de interferência de controlo da qualidade ótica. Apenas 3 dos elementos enumerados. Em segundo lugar, para realizar o controlo de objectos por métodos holográficos, é possível utilizar esquemas ópticos simples para a qualidade de elementos que são objeto de exigências muito moderadas. Isto pode permitir reduzir consideravelmente o preço de custo de dispositivos deste tipo. Os métodos holográficos têm várias possibilidades novas, permitindo criar dispositivos de medição de alta qualidade.

Para medir a rugosidade da superfície de produtos feitos de materiais macios, os inspectores têm frequentemente de utilizar instrumentos especiais - chaves de fendas. Tanto os profilómetros como os profilógrafos têm imprecisões que podem ser explicadas pela natureza do método de medição por contacto. A força P são os parâmetros do instrumento que determinam principalmente a quantidade de distorção ao sondar uma superfície. Se o raio de curvatura da haste de medição for igual ou superior a g, diz-se que são utilizados desvios do centro de gravidade. pode ser considerado, num determinado intervalo de tempo, como

A força de medição, dependendo das características dinâmicas do sistema de sondagem, da velocidade de sondagem e da natureza do perfil da superfície controlada, pode variar muito - Este facto é tido em conta na conceção dos dispositivos, Nos modernos profilómetros e profilógrafos, devido à conceção racional dos sensores, bem como à redução da velocidade de sondagem, consegue-se uma redução significativa da proporção do componente dinâmico P,) na força total P. Se o raio de curvatura da agulha na maioria da agulha, então a força de medição pode ser significativamente reduzida. Não há dúvida de que, no processo de tais forças, arranhões mais ou menos profundos deixarão vestígios na superfície do produto controlado. No entanto, tudo depende do material e da sua dureza. Como mostra a análise efectuada no Capítulo VI, os riscos nos instrumentos podem ter um efeito diferente nas leituras da agulha. Quando o tamanho das depressões é grande e a diferença na força de apalpação no fundo ou na saliência é grande, os erros de medição são pequenos. Também o valor do tamanho pequeno pode ser no caso de um perfil oco com um grande passo de irregularidades. Com microrrugosidades estreitas, devido às diferentes condições de deformação do material na crista e na depressão, o perfil de altura é suavizado. Daqui resulta que quanto mais macio for o tecido controlado e quanto mais limpa for a superfície do material do produto, maior será a redução. Relações gerais entre os dados obtidos por sondagem do plano com agulhas com raios de arredondamento g   = 10 µm com os indicadores de dispositivos ópticos sem contacto e

por medição de forças de 2 C. O eixo das abcissas do gráfico mostra as classes de pureza estabelecidas com a ajuda de instrumentos ópticos, o eixo das ordenadas mostra as classes obtidas por contacto com agulhas com as características acima mencionadas. A curva refere-se à superfície teórica de um corpo completamente sólido com irregularidades muito suaves - curva relativa à superfície de produtos com dureza <20 kgs1mm e ângulo de abertura das depressões de 100°. As curvas relativas às superfícies dos produtos em aço, bronze, etc., são controladas por profilómetros com esforços consideráveis de apalpação de substratos limpos. Consequentemente, os métodos de formação dos parâmetros geométricos dos produtos em todas as fases da criação da aeronave mudam durante a conceção da máquina. Os métodos de controlo mudam. Têm de ser alterados. Os métodos de controlo baseados na comparação de peças com suportes de dimensões rígidas devem ser substituídos por métodos de controlo sem contacto - ópticos, laser, etc. Com base nisto, o sistema de reprodução automática de formas e controlo dimensional é um conjunto de métodos para a criação de formas geométricas em aeronaves, tanto após a conceção como. Resultados da produção. O sistema abrange os seguintes elementos conceção de máquinas de elementos estruturais da aeronave ligação de azoto e montagem de dispositivos de montagem fabrico de peças com base em CNC métodos sequenciais de montagem de unidades, acoplamento de produtos por meio de nivelamento. O sistema baseia-se numa vasta aplicação de máquinas automáticas de desenho de precisão, visualizações planas e espaciais, plotters gráficos, meios de controlo sem contacto - sistemas de medição por laser e dispositivos ópticos -, bancos de coordenadas de maior precisão com equipamento de trabalho de metais CNC com controlo de programas e outros meios de fabrico automatizado de produtos. Para determinar quantitativamente a rugosidade da superfície maquinada, são utilizados instrumentos especiais. Para controlar a rugosidade da superfície são utilizados instrumentos de sondagem sem contacto e com contacto. Os instrumentos de sondagem por contacto têm como princípio a sondagem da superfície a testar com uma agulha. O registo é feito por um gravador, que tem uma ampliação do micro perfil da superfície sob a forma de um perfilograma. A partir dos resultados da oscilação, é possível inferir a rugosidade do plano que está a ser inspeccionado. Por isso, o instrumento é designado por profilógrafo. A oscilação da agulha de apalpação do instrumento é transmitida em forma ampliada por um sistema de alavancas para a escala do instrumento, de acordo com a qual a rugosidade é calculada. Este movimento oscilante do instrumento é designado por profilómetro. Início da construção. Atualmente, existem muitas opções para o desenvolvimento de sistemas de medição ótica para inspeção sem contacto. Para demonstrar a base geral dos princípios possíveis, considerámos apenas 3 métodos. O artigo de Shaffer é um bom artigo, cobrindo uma vasta gama de sistemas existentes. É certo que, quando foi escrito em 1979, já não podia ser considerado um novo avanço tecnológico. O que é mau é o facto de os princípios físicos permanecerem essencialmente inalterados. Há um desejo de explorar três áreas no domínio do diagnóstico sem contacto, o método de emissão acústica e os sistemas de televisão por vídeo para inspeção interna de equipamentos.

A pandemia de vírus e a necessidade de um controlo claro dos níveis de infeção demonstraram que o controlo e a monitorização remotos (ver modelo 3D de um módulo de controlo deste tipo) permitem um controlo quase instantâneo das infecções.

a possibilidade de acompanhamento da situação, sem necessidade de análises laboratoriais.

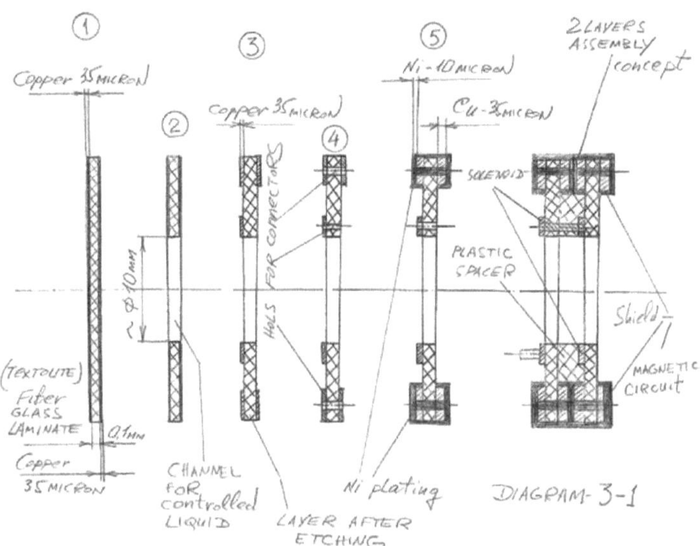

A figura mostra a solução concetual das camadas de uma placa de circuito impresso multicamada com características de proteção contra o ruído eletrónico.

O controlo ativo, sem contacto, dos parâmetros dos sujeitos de influência em vários processos tecnológicos modernos (apresentados nestas figuras), realizado em tempo real com base nos princípios da espetroscopia de ressonância electromagnética, está também a tornar-se cada vez mais relevante em complexos de produção inovadores, bem como em vários domínios da medicina, medicina veterinária, farmacologia, fabrico de semicondutores e microeletrónica e produção alimentar.

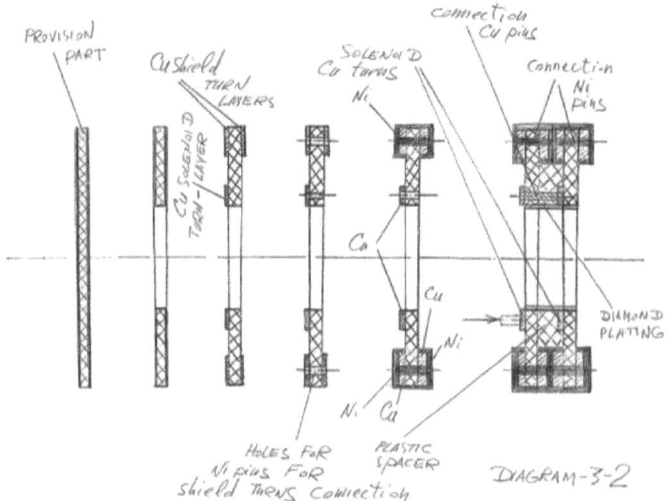

A figura mostra a solução concetual das camadas de uma placa de circuito impresso multicamada com funções de proteção contra o ruído eletrónico, Figura 2

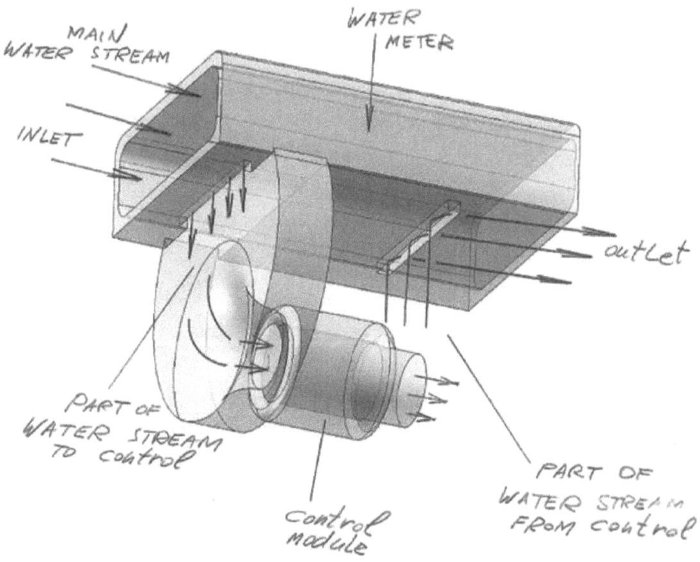

O modelo mostra o princípio industrial de ligação de um sistema de controlo em tempo real e de monitorização em linha em linhas e condutas hidráulicas de equipamento tecnológico moderno.

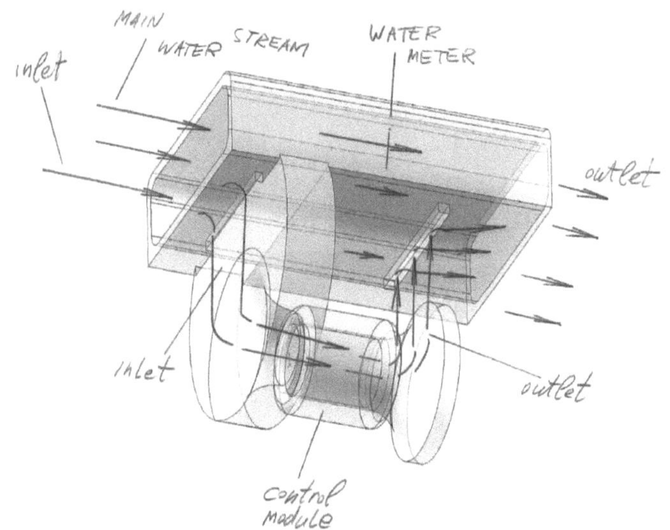

O modelo também mostra o princípio industrial da ligação de um sistema de controlo em tempo real e de monitorização em linha nas linhas e condutas hidráulicas de uma fábrica de processos moderna.

equipamento figura 2.

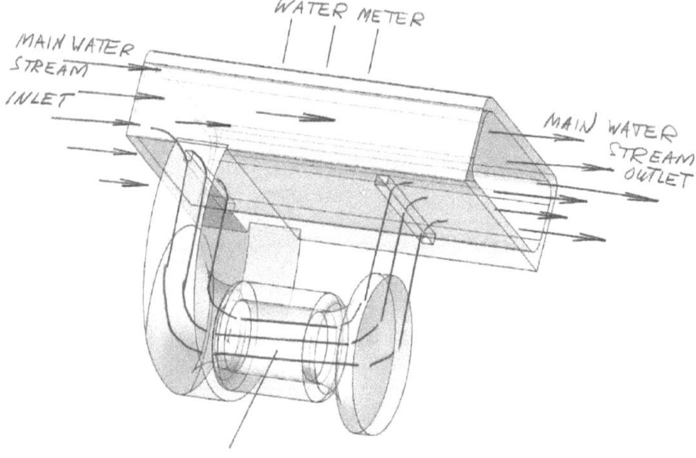

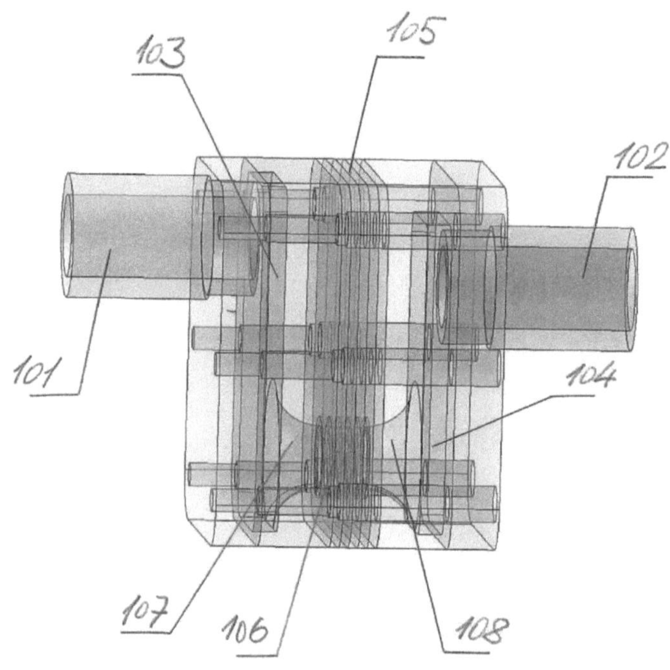

101 - entrada para o módulo sensor

102 - saída do módulo sensor

103 - elemento que forma o canal de entrada do módulo sensor

104 - elemento que forma o canal de saída do módulo sensor

105 - sensor sob a forma de uma placa de circuito impresso multicamadas

106 - canal de controlo do sensor

107 - canal à entrada do sistema de vasos comunicantes do sensor

108 - canal à saída do sistema de vasos comunicantes do sensor

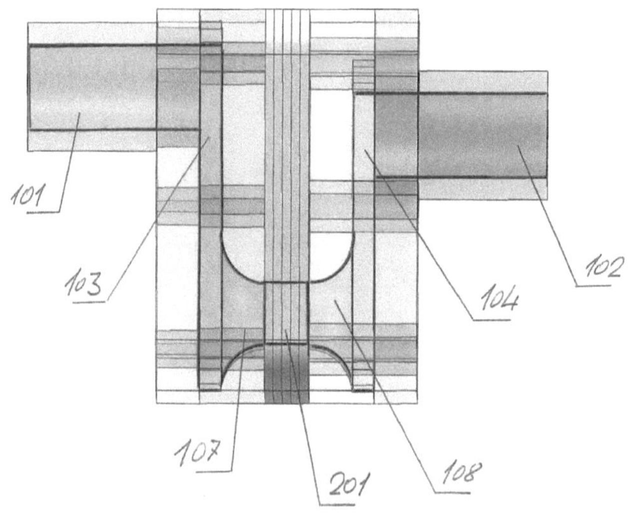

101 - entrada para o módulo sensor

102 - saída do módulo sensor

103 - elemento que forma o canal de entrada do módulo sensor

104 - elemento que forma o canal de saída do módulo sensor

107 - canal à entrada do sistema de vasos comunicantes do sensor

108 - canal à saída do sistema de vasos comunicantes do sensor

201 - sensor sob a forma de uma placa de circuito impresso multicamadas

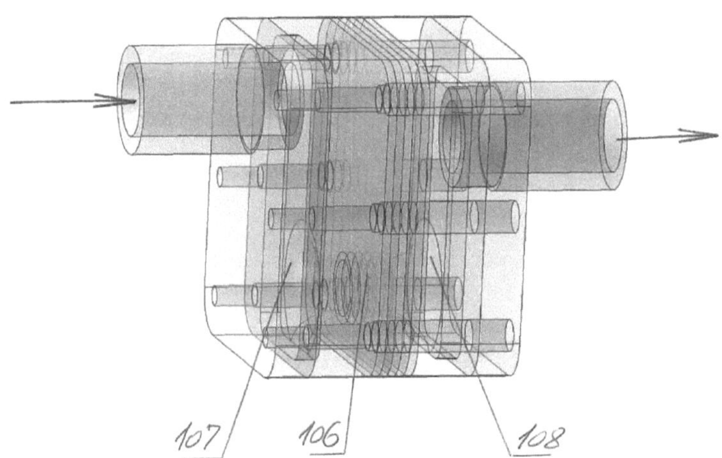

106 - placa de circuito impresso multicamada - sensor com elementos de proteção e

proteção eletrónica contra o ruído

107 - canal à entrada do sistema de vasos comunicantes do sensor

108 - canal à saída do sistema de vasos comunicantes do sensor

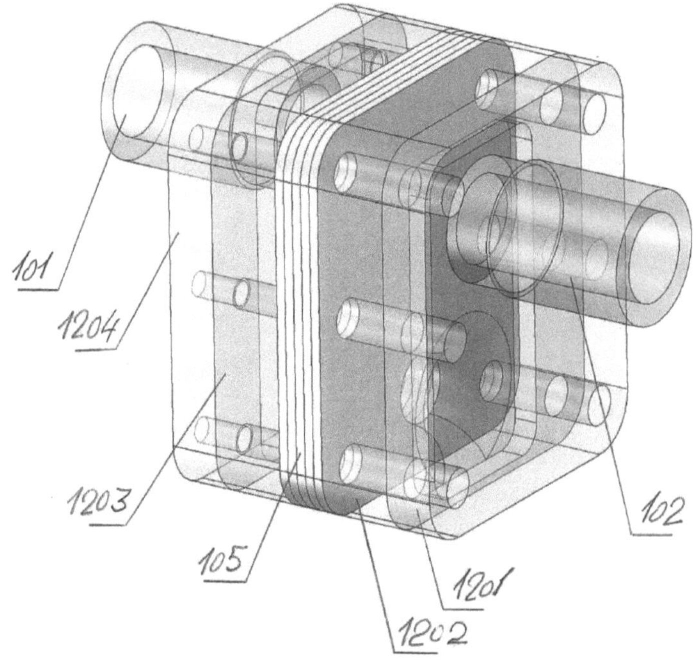

101 - linha para introduzir o líquido controlado no módulo sensor

102 - linha de saída do fluido após o controlo no módulo sensor

105 - placa de circuito impresso multicamada - sensor para espetroscopia electromagnética ressonante

1201 - elemento de construção do módulo sensor

1202 - elemento de construção do módulo sensor

1203 - elemento de construção do módulo sensor

1204 - placa - elemento de construção do módulo sensor

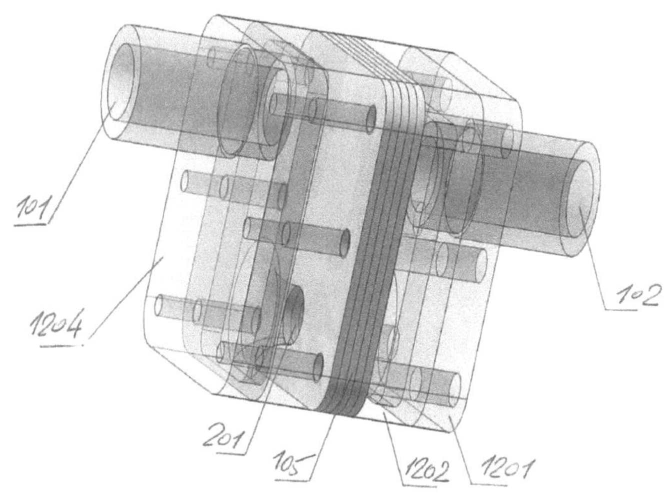

101 - introdução do fluido monitorizado no módulo sensor
102- saída da linha de controlo do módulo sensor
fluido controlado
105 - placa de circuito impresso multicamada - sensor com funções de ecrã
201 - canal de referência do sensor
1201 - elemento de construção do módulo sensor
1202 - elemento de construção do módulo sensor
1204 - elemento de construção do módulo sensor

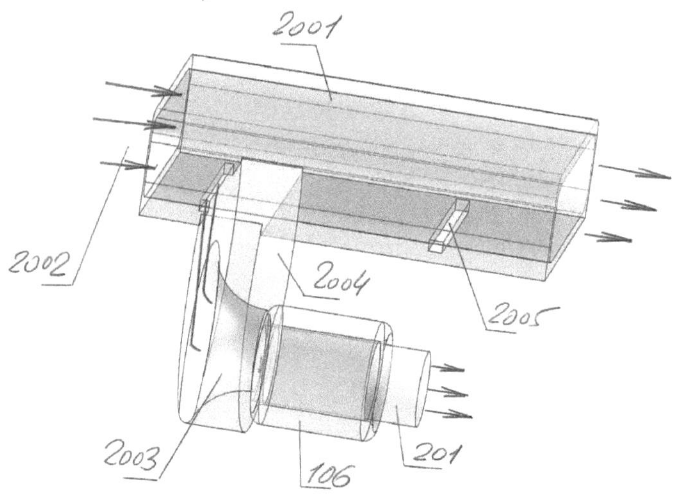

106 - bobina tridimensional (solenoide) do sensor
201 - linha de saída do fluido da área de controlo

2001 - **a** conduta principal, na qual se move o fluxo do líquido ensaiado

2002 - direção do fluxo do líquido ensaiado

2003 - canal de entrada do fluxo de líquido testado

2004 - canal vertical que cria uma pressão de líquido na zona de controlo

2005 - canal de retorno do líquido ao fluxo após o controlo

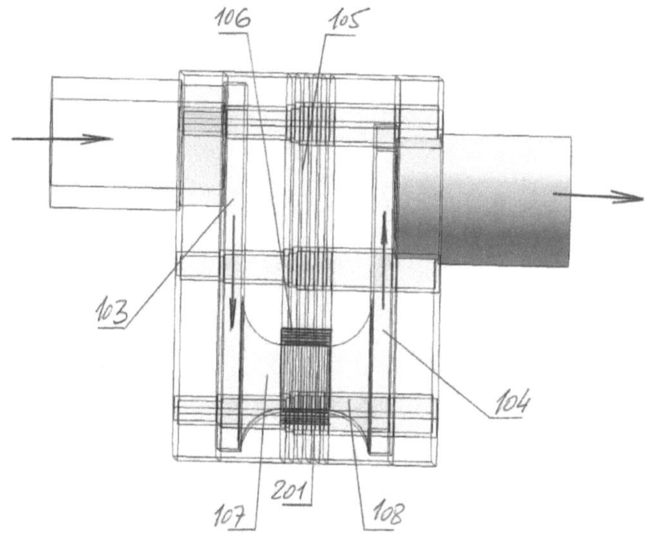

103 - conduta vertical de entrada (para baixo) do sistema de abastecimento de fluido para controlo no sensor

104 - saída vertical (para cima) do sistema de saída de fluidos da área de controlo

105 - placa de circuito impresso multicamada - sensor

106 - solenoide - bobina do sensor volumétrico

107 - canal de abastecimento globoide

108 - canal de desvio do globoide

201 - bobina de sensor - placa de circuito eletrónico impresso multicamada

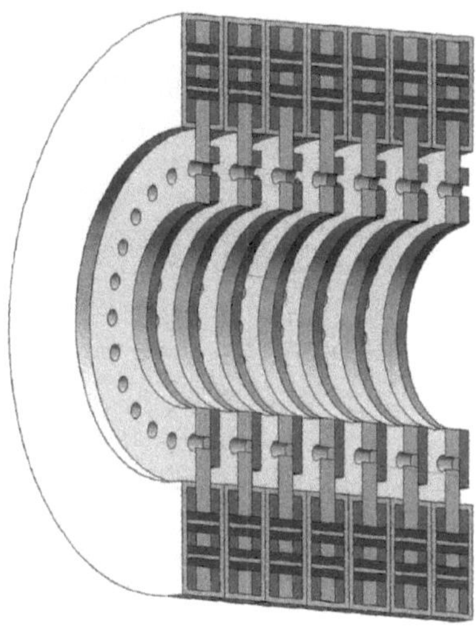

Módulo sensor sob a forma de uma placa de circuito impresso multicamada com sistemas de elementos que funcionam como um ecrã de proteção, reduzindo a dependência da precisão da medição da influência do ruído eletrónico.

Lista da literatura utilizada, patentes e licenças

Anexo 1.1.

Pedido de patente   dos EUA20220051358

Código da espécieA1

Ma; Moses T.   17 de fevereiro de 2022.

MÉTODOS E SISTEMA DE GESTÃO DA PROPRIEDADE INTELECTUAL
UTILIZANDO A CADEIA DE BLOCOS

Anotação

São apresentados um sistema e métodos de gestão da propriedade intelectual utilizando a cadeia de blocos, que podem incluir um ou mais *elementos* que formam um quadro integrado para um ecossistema de gestão da inovação e da propriedade intelectual. *Os elementos* podem incluir: um livro-razão distribuído de propriedade intelectual, um servidor de política de propriedade intelectual digital, modelos de confiança não binários, indução automática de ontologia, modificações ao sistema de "mineração" e "prova de trabalho" da cadeia de blocos, uma App Store para aplicações relevantes, um motor de pesquisa que acomoda a transparência parcial, objectos de confiança de software persistentes e encapsulados, um contrato de royalties de licenciamento inteligente com rastreio de pagamentos, incentivos de micro-partilha, automatização de processos de gestão de propriedade intelectual, etc. O sistema combina e integra estas funções para fornecer contabilidade pessoal, intra-empresa, inter-empresa e extra-empresa, colaboração, pesquisa e seus benefícios, licenciamento e rastreio de informação sobre propriedade intelectual num sistema de computação distribuída em rede.

Código da espécieA1
Sinha; Vineet Binodshanker; e outros.   **3 de março de 2022.**
SISTEMA DE CONSTRUÇÃO COM INTERFACE DE RECOMENDAÇÃO
Anotação

Um sistema de construção que inclui um ou mais dispositivos de memória que armazenam instruções que, quando executadas por um ou mais processadores, geram uma interface de utilizador que inclui *elementos de interface de* utilizador, em que um primeiro elemento de interface de utilizador dos elementos de interface de *utilizador dos elementos de interface de utilizador está* associado a uma primeira categoria e inclui uma ou mais primeiras recomendações associadas à primeira categoria e um ou mais primeiros campos de seleção que permitem a um utilizador selecionar recomendações para executar o meio

Pedido de patente dos EUA 20220058928

Código da espécieA1
Antar, David et al.   **24 de fevereiro de 2022.**

DISPOSITIVO SENSOR, SISTEMA E MÉTODO

Anotação

As variantes do dispositivo sensor, do método e do sistema utilizam uma pluralidade de sensores ambientais como um mecanismo único de monitorização e alerta capaz de fornecer um perfil de qualquer poluente sob a forma de vários gases e partículas na atmosfera, expresso em concentrações relativas. Em várias modalidades da invenção, o dispositivo sensor pode compreender *elementos* de hardware e de software, incluindo um sistema de controlo eletrónico, uma caixa, um ecrã e uma tampa. Os sensores ambientais podem ser ligados como parte do sistema de controlo eletrónico, e o ecrã pode ter uma forma que facilite a passagem adequada do ar e do som para um funcionamento eficiente.

Código da espécieA1
Brooks, Brian E. ; et al.   **17 de fevereiro de 2022.**
DEFINIÇÃO DE MODELOS CAUSAIS PARA A GESTÃO DO AMBIENTE
Anotação

Métodos, sistemas e aparelhos, incluindo programas de computador codificados num suporte legível por computador, para determinar modelos causais para controlar um ambiente. Um método inclui a seleção repetida de definições de controlo para um ambiente com base em (i) um modelo causal que define relações causais entre possíveis definições de *elementos* controláveis no ambiente e respostas do ambiente que reflectem a eficácia do sistema de controlo no controlo do ambiente, e (ii) valores actuais de um conjunto de parâmetros internos; e durante a seleção repetida: monitorização das respostas do ambiente às definições de controlo seleccionadas; determinação, com base nas respostas do ambiente, de indicações de alterações numa ou mais propriedades do ambiente; e, em resposta às respostas do ambiente, determinação da alteração de uma ou mais propriedades do ambiente pelo sistema de controlo.

Código da espécieA1
Mayuran; Subramaniam; et al. 24 de fevereiro de 2022.

COMPUTAÇÃO DE OPERAÇÕES EFICIENTES DE CANAL CRUZADO EM COMPUTADORES PARALELOS UTILIZANDO MATRIZES SISTÓLICAS

Anotação

Um dispositivo para facilitar a computação de operações eficientes de canal cruzado em máquinas de computação paralelas usando matrizes sistólicas é divulgado. O dispositivo inclui uma pluralidade de registos e um ou mais *elementos* de processamento acoplados de forma comunicativa à pluralidade de registos. Os um ou mais *elementos de processamento* incluem um circuito de matriz sistólica para a realização de operações de canal cruzado em dados de entrada recebidos de um único registo de origem da pluralidade de registos, em que o circuito de matriz sistólica é modificado para: receber entradas de um único registo de origem em diferentes fases do circuito de matriz sistólica; realizar operações de canal cruzado em canais do circuito de matriz sistólica; contornar canais desconectados do circuito de matriz sistólica, não sendo os canais desconectados utilizados para o cálculo de canal cruzado

Código da espécieA1
Sebastian; Abu; et al.   13 de janeiro de 2022.

COPROCESSADOR FOTÓNICO NA MEMÓRIA PARA OPERAÇÕES CONVOLUCIONAIS

Anotação

Pode ser fornecido um coprocessador para efetuar a multiplicação matricial da matriz de entrada com a matriz de dados num único passo. O coprocessador recebe sinais de entrada para a matriz de entrada sob a forma de sinais ópticos. Uma pluralidade de *elementos* de memória fotónica está disposta em pontos de intersecção de uma matriz de barras transversais de guias de ondas ópticas. A pluralidade de *elementos de memória está* configurada para armazenar os valores da matriz de dados. Os sinais de entrada estão ligados às linhas de entrada da matriz de barras transversais de guias de ondas ópticas. As linhas de saída do strap de guia de onda ótica representam um produto escalar entre uma coluna respectiva do strap de guia de onda ótica e os sinais de entrada recebidos, e os valores dos elementos da matriz de dados de entrada a multiplicar pela matriz de dados correspondem às intensidades de luz recebidas nas linhas de entrada dos respectivos *elementos* de memória fotónica. Além disso, são utilizados diferentes comprimentos de onda para cada coluna de sinais ópticos da matriz de entrada.

Código da espécieA1
XU; Ning; et al.   3 março de 2022.
TÉCNICAS DE *INTELIGÊNCIA* ARTIFICIAL PARA EFECTUAR OPERAÇÕES DE EDIÇÃO DE IMAGENS COM BASE EM CONSULTAS DE LINGUAGEM NATURAL

Anotação

A presente divulgação inclui a execução de modelos *de inteligência artificial* que determinam as operações de edição de imagens com base em consultas de linguagem natural feitas por um utilizador. Além disso, a presente divulgação inclui a execução de operações de edição de imagens utilizando parâmetros encontrados para operações de edição de imagens. Podem ser fornecidos sistemas e métodos que determinam uma ou mais operações de edição de imagem a partir de uma consulta em linguagem natural associada a uma imagem de origem, encontram regiões da imagem de origem que são relevantes para uma ou mais operações de edição de imagem para criar máscaras de imagem e executam uma ou mais operações de edição de imagem para criar uma imagem de origem modificada.

Código da espécieA1

LI; Xu; et al.   **24 de fevereiro de 2022.**

SISTEMA E MÉTODOS DE APOIO AO SERVIÇO DE *INTELIGÊNCIA ARTIFICIAL NA REDE*

Anotação

Um sistema que inclui um controlador de plataforma para gerir um serviço *de inteligência artificial é* fornecido, em que o sistema inclui um processador acoplado a uma memória na qual as instruções são armazenadas. As instruções, quando executadas pelo processador, configuram o controlador da plataforma para receber um pedido de registo de serviço de *inteligência artificial* (IA) de um controlador de IA que gere o serviço de IA, em que o pedido de registo de serviço de IA inclui informações sobre a localização do serviço de IA, e transmitem uma resposta de registo de serviço de IA ao controlador de IA, em que a resposta de registo de serviço de IA inclui informações de encaminhamento que determinam, pelo menos em parte, como contactar um coordenador associado ao serviço de IA, correspondendo o coordenador à localização do serviço de IA Quando um pedido de acesso ao serviço de IA é recebido do dispositivo, o controlador da plataforma está configurado para transmitir uma resposta ao dispositivo, em que a resposta indica se o pedido é aceite.

Código da espécieA1
Sella; Charles Howard; et al. 24 de fevereiro de 2022.
SISTEMA DE *INTELIGÊNCIA* ARTIFICIAL PARA A TORRE DE
CONTROLO E A
PLATAFORMA DE GESTÃO EMPRESARIAL QUE GERE O
SISTEMA
LOGÍSTICO
Anotação
Um sistema de cadeia de valor que fornece recomendações de conceção de sistemas logísticos inclui normalmente um sistema de aprendizagem automática que treina modelos de aprendizagem automática que produzem recomendações de conceção logística com base em conjuntos de dados de treino, cada um dos quais identifica respetivamente uma ou mais características de um sistema logístico relevante e um resultado relacionado com o sistema logístico relevante; um sistema *de inteligência artificial* que recebe um pedido de recomendações; e um sistema de gémeo digital que recebe um pedido de recomendações com base num ou mais gémeos digitais de activos físicos. Um sistema de gémeo digital que executa a modelação com base num gémeo digital de um ambiente logístico, um ou mais gémeos digitais de activos físicos.

Pedido de patente dos EUA 20220063497

Código da espécieA1
Pedersen, Robert D.   **3 de março de 2022.**

Sistema pericial de ***inteligência*** artificial ***para o*** transporte automóvel
Sistema e método de prevenção
e controlo da condução perigosa

Anotação

Um sistema integrado, especialmente programado, para prevenir e controlar a condução perigosa de um veículo a motor e métodos que compreendem pelo menos uma máquina informática de comunicação especializada que inclui um sistema pericial eletrónico ***de inteligência artificial*** capaz de tomar decisões, compreendendo ainda um ou mais sensores electrónicos do veículo a motor para monitorizar o veículo a motor e monitorizar as acções do condutor e/ou dos passageiros, incluindo as acções associadas à utilização do

Código da espécieA1
Brown, John J. et al.   24 de fevereiro de 2022.
SISTEMA DE ATENUAÇÃO DE FALHAS PARA A REDE DE
COMUNICAÇÕES
Anotação
Numa forma de realização, o método inclui determinar se uma recomendação de automatização da rede deve ser reencaminhada para um sistema de gestão da rede, em que a recomendação de automatização determina uma ação a tomar em relação a uma pluralidade de plataformas da rede e é recebida de um sistema de recomendação que utiliza *inteligência artificial para* gerar a recomendação de automatização; em resposta a uma decisão de reencaminhar a recomendação de automatização, avaliar um impacto da recomendação de automatização; e realizar uma ação em relação a uma

Pedido de patente dos EUA 20220054687

Código da espécieA1
Forzani, Erica, et al.   **24 de fevereiro de 2022.**

UM SISTEMA E UM MÉTODO PARA REDUZIR A POLUIÇÃO
ATMOSFÉRICA
EM SALAS COM AR CONDICIONADO

Anotação

Um sistema e um método para reduzir a poluição do ar num ambiente interior condicionado utiliza um ou mais módulos sensores configurados para detetar a presença e/ou a concentração de partículas e/ou aerossóis em vários locais. O módulo de controlo utiliza um algoritmo *de inteligência artificial* para ativar seletivamente pelo menos um módulo de redução da poluição utilizando regras de aprendizagem automática programadas e sinais de saída do(s) módulo(s) sensor(es). O(s) módulo(s) de atenuação estão configurados para tomar uma ou mais acções para reduzir a presença e/ou concentração de partículas e/ou aerossóis no ambiente interior condicionado.

Pedido de patente dos EUA 20220054687

Código da espécieA1
Forzani, Erica, et al.   24 de fevereiro de 2022.

UM SISTEMA E UM MÉTODO PARA REDUZIR A POLUIÇÃO ATMOSFÉRICA EM SALAS COM AR CONDICIONADO

Anotação

Um sistema e um método para reduzir a poluição do ar num ambiente interior condicionado utiliza um ou mais módulos sensores configurados para detetar a presença e/ou a concentração de partículas e/ou aerossóis em vários locais. O módulo de controlo utiliza um algoritmo *de inteligência artificial* para ativar seletivamente pelo menos um módulo de redução da poluição utilizando regras de aprendizagem automática programadas e sinais de saída do(s) módulo(s) sensor(es). O(s) módulo(s) de atenuação estão configurados para tomar uma ou mais acções para reduzir a presença e/ou concentração de partículas e/ou aerossóis no ambiente interior condicionado.

Código da espécieA1
Rai; Vidhi Sandeep17 de fevereiro de   2022.

SISTEMA E MÉTODO DE REALIDADE AUMENTADA PARA
MONITORIZAÇÃO EM TEMPO REAL DAS ACÇÕES DO UTILIZADOR
UTILIZANDO VISÃO EGOCÊNTRICA

Anotação

Um sistema baseado na realidade aumentada e um método baseado na realidade aumentada para monitorizar as acções de um utilizador em tempo real, em que o sistema inclui óculos com meios de captura de imagens egocêntricas. Um processador e uma memória estão em comunicação com os meios de captação de imagens egocêntricas. O sistema capta a atividade do utilizador utilizando os meios de captação de imagens egocêntricas para gerar um perfil de atividade do utilizador. O perfil de atividade do utilizador é então processado utilizando uma rede *neural* treinada para produzir um perfil de reconhecimento de atividade útil, incluindo um conjunto de acções-alvo a serem seguidas pelo utilizador. O sistema analisa cada conjunto de actividades-alvo com base em factores pré-determinados para atribuir cada um dos conjuntos de actividades-alvo a uma das categorias pré-determinadas. O sistema fornece informações ao utilizador com base na análise de *inteligência artificial* das acções-alvo.

Pedido de patente dos EUA 20220058797

Código da espécieA1
Blau; ArnaudFevereiro 24, 2022

DETERMINAÇÃO DA
POSIÇÃO RELATIVA
DE OBJECTOS EM IMAGENS MÉDICAS COM BASE NA INTELIGÊNCIA
ARTIFICIAL

Anotação

São descritos métodos e sistemas para classificar primeiro e segundo objectos numa imagem de projeção de raios X. Uma representação e localização adequadas dos dois objectos são determinadas através da aplicação de modelos de correspondência de objectos na imagem de raios X, e é obtida uma relação espacial dos objectos classificados. Estes métodos e sistemas tiram partido da *inteligência artificial*.

Código da espécieA1
Trojoski;   Matthias17 de fevereiro de   2022.
SISTEMA E MÉTODO DE CONTROLO DA MÁQUINA DE CRIVAGEM
Anotação

Um sistema para monitorizar uma máquina de crivagem é fornecido, compreendendo um sensor de vibração configurado para registar uma resposta de vibração de um tecido de crivagem da máquina de crivagem; e um dispositivo de processamento de sinal para processar e avaliar digitalmente a resposta de vibração. Neste contexto, o dispositivo de processamento de sinais inclui um algoritmo adaptativo baseado em técnicas *de inteligência artificial* associadas às respostas vibratórias de um ou mais tecidos de crivo comparativos e adaptado para caraterizar a resposta vibratória registada pelo sensor de vibrações. Além disso, é apresentado um método de monitorização de uma máquina de crivagem.

Pedido de patente dos EUA 20220067588

Código da espécie A1
Buettner; Florian; et al. 3 de março de 2022.

TRANSFORMAÇÃO DE UM MODELO DE *INTELIGÊNCIA* ARTIFICIAL TREINADO NUM
MODELO DE *INTELIGÊNCIA* ARTIFICIAL VÁLIDO

Anotação

Descreve-se em seguida um método e um sistema implementados por computador para converter um modelo de inteligência *artificial treinado* num modelo de *inteligência artificial* válido, fornecendo um modelo de inteligência *artificial treinado* através de uma interface de utilizador de uma plataforma de serviços Web, fornecendo um conjunto de dados de validação baseado nos dados de treino do modelo de *inteligência artificial treinado*, gerando padrões por uma componente informática da plataforma de serviços Web com base no conjunto de dados de validação e convertendo o modelo de inteligência artificial treinado num modelo de inteligência artificial válido. A transformação do modelo de inteligência artificial é efectuada pelo componente informático da plataforma de serviço Web. Os dados de entrada, ou seja, o modelo de inteligência artificial treinado, *bem como o conjunto de dados de validação*, são fornecidos à componente informática através de uma interface de utilizador da plataforma de serviços Web. Essa interface de utilizador pode ser implementada por qualquer frontend aplicável.

Código da espécieA1
Von Mutius; Martin24 de fevereiro de   2022
MÉTODO E SISTEMA DE PARAMETRIZAÇÃO DO CONTROLADOR DA
TURBINA
EÓLICA E/OU DO FUNCIONAMENTO
DA TURBINA
EÓLICA

Anotação

Um método para parametrizar um controlador de uma primeira turbina eólica, em que o controlador define uma variável de controlo da turbina eólica em função de uma variável de entrada. A *inteligência artificial determina pelo* menos um valor do parâmetro do controlador para pelo menos uma condição/grau de formação de gelo da turbina eólica com base numa curva de potência, numa curva de carga e/ou numa curva de caudal a jusante da turbina eólica prevista através de um modelo matemático da turbina eólica para pelo menos uma condição/grau de formação de gelo, e/ou determina pelo menos um valor do parâmetro do controlador para pelo menos uma condição/grau de formação de gelo da turbina eólica

Código da espécieA1
Bariamis; DimitriosMarço   3, 2022

MÉTODO DE FORMAÇÃO E DE GESTÃO
UMA REDE NEURAL ARTIFICIAL CAPAZ DE EXECUTAR
MULTITAREFAS, UMA REDE *NEURAL*
ARTIFICIAL CAPAZ DE EXECUTAR MULTITAREFAS E UM
DISPOSITIVO

Anotação

Um método para treinar uma rede *neural artificial* (RNA) capaz de multitarefa. Para um primeiro fluxo de informação através da RNA, é fornecido um primeiro caminho que liga uma camada de entrada a pelo menos uma camada intermédia específica da tarefa que é comum a uma pluralidade de tarefas diferentes da RNA. O primeiro caminho liga a camada intermédia específica de pelo menos uma tarefa a um segmento específico de tarefa correspondente da RNA. Os primeiros dados de treino são recebidos através da camada de entrada e do primeiro caminho para treinar parâmetros específicos da tarefa comuns às tarefas. Pelo menos um segundo caminho específico da tarefa é fornecido para um segundo fluxo de informação através da RNA que é diferente do primeiro fluxo de informação. O segundo caminho liga a camada de entrada apenas a um subconjunto dos segmentos específicos da tarefa da RNA, e os segundos dados de treino são fornecidos através do segundo caminho para treinar os parâmetros específicos da tarefa.

Código da espécieA1
Mackintosh, Gordon DavidFevereiro   24, 2022
UM SISTEMA E UM MÉTODO PARA MELHORAR
O DESEMPENHO DE UM VEÍCULO AUTÓNOMO

Anotação

Métodos e sistemas para a realização de capacidades melhoradas de veículos autónomos. A presente invenção descreve uma metodologia eficaz e segura para a implementação do controlo e monitorização externos de veículos autónomos por pessoal autorizado, permitindo, em particular, limitar, controlar e/ou desativar AVs ou outros mecanismos utilizando algoritmos *de inteligência artificial* (IA) não determinísticos.

Código de tipoA1
Lee; Kang Yoon; et al. 17 de fevereiro de 2022.
CONVERSOR DC-DC COM CONTROLADOR INTELIGENTE
Anotação
Como as entradas do controlador do conversor de corrente contínua (CC)-CC são amostradas ao longo de um tempo pré-determinado, gerando assim informações bidimensionais sobre o estado, em que um eixo é uma quantidade física de entrada e o outro eixo é o tempo, as informações bidimensionais sobre o estado são processadas por uma rede *neural* convolucional para determinar e emitir um de uma pluralidade de sinais de controlo. A parte de controlo *da inteligência artificial* pode funcionar de acordo com uma pluralidade de condições de funcionamento ou com condições de funcionamento determinadas dinamicamente, aplicando diferentes motores *de inteligência artificial* de acordo com os modos de funcionamento.

Código de tipoA1

CHI; Wanchao; et al.   17 de fevereiro de 2022.

MÉTODO DE RECONHECIMENTO DE ACÇÕES *BASEADO EM INTELIGÊNCIA* ARTIFICIAL
E DISPOSITIVO CORRESPONDENTE

Anotação

Um método de reconhecimento de acções *baseado em inteligência artificial* inclui: determinar, de acordo com dados de vídeo que incluem um objeto interativo, informações sobre a sequência de nós correspondentes a fotogramas de vídeo nos dados de vídeo, em que as informações sobre a sequência de nós de cada fotograma de vídeo incluem informações sobre a posição dos nós na sequência de nós, em que os nós na sequência de nós são nós do objeto interativo que são movidos para realizar uma ação interactiva correspondente; determinar categorias de acções, com a

Código de tipoA1
Borrego; Diego A.; et al.10 de fevereiro de 2022.

MÉTODO E SISTEMA PARA INSTALAR DISPOSITIVOS DE DETECÇÃO DO SOLO SEM FIOS , MONITORIZAR E UTILIZAR OS SINAIS TRANSMITIDOS PELOS MESMOS

Anotação

Várias sondas de subsuperfície numa parcela de terreno detectam as condições do solo e transmitem, sem fios, informações sobre o estado do solo para o servidor interno do fornecedor de serviços ou para um dispositivo portátil sem fios de um técnico. O servidor fornece vários ecrãs de interface de utilizador da aplicação cliente que apresentam o estado do solo e informação sobre o estado do sistema de rega. As micro-estações meteorológicas locais podem detetar e transmitir, sem fios, informações sobre o estado do tempo para o servidor. O instalador pode utilizar a aplicação cliente para determinar que a intensidade do sinal recebido numa determinada sonda é fraca e deve ser recolocada, ou para determinar informações de localização refinadas correspondentes à sonda. A informação histórica sobre as condições do solo e *a inteligência artificial* podem prever as condições do solo em que uma sonda previamente instalada foi deslocada ou deixou de funcionar. Os invólucros das sondas alojam a eletrónica interna, incluindo sensores do estado do solo, módulos de comunicação sem fios, processadores e memória. As coordenadas de localização podem ser adquiridas a velocidades ultra-elevadas para melhorar a precisão da localização.

Código de tipoA1
Borrego; Diego A.; et al.10 de fevereiro de 2022.

MÉTODO E SISTEMA PARA INSTALAR
DISPOSITIVOS DE DETECÇÃO DO SOLO SEM FIOS
, MONITORIZAR E UTILIZAR OS SINAIS
TRANSMITIDOS PELOS MESMOS

Anotação

Várias sondas de subsuperfície numa parcela de terreno detectam as condições do solo e transmitem, sem fios, informações sobre o estado do solo para o servidor interno do fornecedor de serviços ou para um dispositivo portátil sem fios de um técnico. O servidor fornece vários ecrãs de interface de utilizador da aplicação cliente que apresentam o estado do solo e informação sobre o estado do sistema de rega. As micro-estações meteorológicas locais podem detetar e transmitir, sem fios, informações sobre o estado do tempo para o servidor. O instalador pode utilizar a aplicação cliente para determinar que a intensidade do sinal recebido numa determinada sonda é fraca e deve ser recolocada, ou para determinar informações de localização refinadas correspondentes à sonda. A informação histórica sobre as condições do solo e *a inteligência artificial* podem prever as condições do solo em que uma sonda previamente instalada foi deslocada ou deixou de funcionar. Os invólucros das sondas alojam a eletrónica interna, incluindo sensores do estado do solo, módulos de comunicação sem fios, processadores e memória. As coordenadas de localização podem ser adquiridas a velocidades ultra-elevadas para melhorar a precisão da localização.

Código da espécieA1
Miller; Thomas Gary; et al.   3 de março de 2022.
PREPARAÇÃO DE PONTOS FINAIS UTILIZANDO *INTELIGÊNCIA*
ARTIFICIAL

Anotação

São divulgados métodos e sistemas para realizar a preparação de um ponto final utilizando *inteligência artificial*. Um exemplo de método inclui, pelo menos, a receção de uma imagem de uma superfície de uma amostra, incluindo a amostra uma pluralidade de características, a análise da imagem para determinar se um ponto final foi atingido, sendo o ponto final baseado numa caraterística de interesse da pluralidade de características observadas na imagem, e com base no facto de o ponto final não ter sido atingido, a remoção de uma camada de material da superfície da amostra.

Pedido de patente dos EUA 20220067621

Código da espécieA1
Aaltonen, Janne ; et al. 3 de março de 2022.
SISTEMA E MÉTODO DE PROCESSAMENTO DE DADOS DE
INTELIGÊNCIA ARTIFICIAL
Anotação
São propostos vários sistemas para realizar tarefas relacionadas com a aquisição
de DPI. Os sistemas utilizam uma arquitetura computacional capaz de fornecer
características *de inteligência artificial*. A arquitetura computacional utiliza
uma configuração de máquinas pseudo-analógicas de variável de estado, que é
implementada através da disposição das máquinas pseudo-analógicas de variável
de estado numa ordem hierárquica, em que as máquinas pseudo-analógicas de
variável de estado mais elevadas na ordem hierárquica são capazes de imitar o
comportamento de um claustrum humano para desempenhar funções cognitivas
superiores no processamento de informações associadas a um ou mais pedidos
de serviço e para efetuar verificações de garantia de qualidade num ou mais
processos de trabalho Além disso, a arquitetura computacional pode ser
realizada utilizando uma nova configuração de dispositivos de processamento.

I want morebooks!

Buy your books fast and straightforward online - at one of world's fastest growing online book stores! Environmentally sound due to Print-on-Demand technologies.

Buy your books online at
www.morebooks.shop

Compre os seus livros mais rápido e diretamente na internet, em uma das livrarias on-line com o maior crescimento no mundo! Produção que protege o meio ambiente através das tecnologias de impressão sob demanda.

Compre os seus livros on-line em
www.morebooks.shop

info@omniscriptum.com
www.omniscriptum.com

Printed by Books on Demand GmbH, Norderstedt / Germany